JN090877

おもしろ算術続編

わ！ おもろいわ
算数・数学が得意になる

醍醐 實
Minoru Daigo

イラスト・澤山幸枝

はじめに

　私は県立高校で数学を教えていたので、中学数学やまして算数は素人だと思われてしまうんだよね。

　だけどね、家庭教師などで算数や中学数学を教える機会があった。その需要はすごかったんだよ。今は先生のアルバイトは禁止だけどね。

　「算数数学教育の現代化」は大学以来の課題でもあり、関連する書物は読みあさった。こうして、私は一定の批判と関心を持ちながら算数数学教育を見てきたつもりだ。今どきの言葉で「算数数学のグローバル化」だね。

　算数は教科書とドリルの解答に沿って教えられている。少人数制などを導入しているけど「落ちこぼれ対策」だよね。かんたんに言えば「教科書を教えている」んだ。「教科書で教える」「教科書も教える」が理想、私は教科書通りには教えない先生だったよ。

　別の意味で、進学校では教科書を教えていたら馬鹿にされるよね。進学校では１年先を教えているし、教科書の内容も高度だ。落ちこぼれも出るけどね。

　明治時代　Mathematics（数学と訳した）は西洋から輸入した。当時の日本には Mathematics に対応する学問がなかったんだね。和算は体系的ではないし「学問」とは言い難いよ。

　品川区の小中学校では英語学習がさかんだけれど、「算数数学」に関しては基本的にグローバル化していない。一般には数学という学問が昔からあったと思う人が多い。

　「マセマティクス」は西洋の学問、先人達が苦労して Mathematics を訳したんだよ。明治時代に訳したものだから、言葉自体違和感があるよ。

例えば「関数」は「function」、「座標」は「coordinate」、「最頻数」は mode、「方程式」は「equation」の訳。英語のままの方が理解できると思わないかな？

　「イコール」は「等しい」という動詞だけど、「2＋3＝5」は「2足す3は等しい5」なんて言いにくいよ。「等しい」を略したらもっとまずいよ。「2たす3は5」とね。「……は」が「イコール」になっちゃうんだよ。数式は「主語　動詞……」の順だよ。小学校で「2＋3＝5」は「2＋3はイコール5」と英語式に教えてほしいね。

　「……は」は主語についている助詞だよね。「3＞2」（3は2より大きい）「3は……」だけどイコールはつかないよ。主語　動詞……の順だったら「3は大なり2」と言えるね。

　「2＋3＝5」は「2　and　3　is　5」あるいは「2　plus　3　equals　5」のような算数英語を教えるべきだと思うよ。（「2＋3＝5」は「2＋3　is　equal　to　5」とも）

　今回、強調している√はルートなどと教えているけど、「T」を「ト」と発音するのは昔のこと「ルーツ」と言ってるよね。

　√のルーツは中学高学年まで習わないんだ。小学校で㎡（平方メーター）は習うけど「平方」は教えないんだよね。9×9＝9^2と書くのは難しいから教えないそうだ。

　この本は私の言いたいことの基本事項、できれば何度も読み直してほしい。ベッドの中でまとめた薄っぺらなものだけれど、この本を「遺言」として残すことにしたよ。数式は使っていないから、子どもから大人まで気軽に読んでくださいね。

（ 目 次 ）

はじめに …… 2

第1章 スクウェア（平方）

第2章 スクウェアルーツ（平方根）

第3章 雑談

第1章
スクウェア
（平方）

1 　「九九」（ クク ）

① 　九の段は1つ覚えれば十分！

　九の段は $9×9＝81$ だけ、1つ覚えれば十分なんだ。$9×8$ は？$8×9＝72$ だから8の段で覚えればよい。

② 　「くはち」は「く……はっく」と言い直そう、つまり「9……ハック $8×9＝72$」とやればいいんだよね

問　 $9×5$ はいくつかな？（くごっく）で考えようね

③ 　「イチニが2」はやめよう

　あたりまえだろうよ。「$1×2＝2$、1が2コだったら2に決まっているよ」「1の段からやってたら9の段に行くまでに疲れちゃ〜う」

④ 　「九九」を $9×9$ から覚える？ 　　　　　　　　　　　　　　　　　　　　（表1）

$$9×9＝81$$

$$8×8＝64 \qquad 8×9＝72$$

$$7×7＝49 \qquad 7×8＝56 \qquad 7×9＝63$$

$$6×6＝36 \qquad 6×7＝42 \qquad 6×8＝48 \qquad 6×9＝54$$

$$5×5＝25 \qquad 5×6＝30 \qquad 5×7＝35 \qquad 5×8＝40 \qquad 5×9＝45$$

$$4×4＝16 \quad 4×5＝20 \quad 4×6＝24 \quad 4×7＝28 \quad 4×8＝32 \quad 4×9＝36$$

$$3×3＝9 \quad 3×4＝12 \quad 3×5＝15 \quad 3×6＝18 \quad 3×7＝21 \quad 3×8＝24 \quad 3×9＝27$$

$$2×2＝4 \quad 2×3＝6 \quad 2×4＝8 \quad 2×5＝10 \quad 2×6＝12 \quad 2×7＝14 \quad 2×8＝16 \quad 2×9＝18$$

　　　$1×1＝1$、……、$1×9＝9$ は当たり前だから書かない！

☺ 　「九九」は7世紀始め遣隋使によって中国から日本に持ち込まれたよ。平安時代、和歌で「十五夜」のことを「三五の月」（さんごの月）などとしゃれた言い方をしてた。「九九」の歴史は古いんだね。

☺ 　「九九をやりましょう」と言えば「2の段から始め $9×9＝81$ までをいうこと」　ところ

が中国から伝来した「九九」は9×9＝81から始めていたそうだ。それで「九九」と言うんだね。

⑤　同じ整数（自然数）を2回かけてできた数を「平方数」と言うよ。
　　（表1）のトップの数81、64、49、36、25、16、9、4、1　は「平方数」だ。

2　「同じ数」から新しい発見！

①　「同じ数」を足す
　同じ数をいくつも足すことから「かけ算」が生まれたよ。
　☺　5＋5＝5×2（5の2倍）、5＋5＋5＝5×3のようにね。同じ数のマルチ（複数）の足し算が「かけ算」なんだ。　　　　　　　　　　　　　　　　　　　multiple[名]複数。
　だから「かけ算」のことをマルチプルケイション multiplication と言うのだね（カタカナ読みはあまりあてにしないでね。英語の発音とは異なるから）。
　☺　読者の質問「何でいちいち英語が出てくるんですか？」
　著者の答　もともと数学は100年以上前、日本の近代化政策でヨーロッパから輸入したものなんだ。数学用語も明治時代に訳したものが多いから、いかめしかったり、古臭い言葉があるよ。だから数学を英語で考えることは原文で理解することに近いんだ。日本語で考えているうちは誰かが訳しているものを読んでるのと同じようなものだね。
　☺　5＋5＋5＝5×3（5の3倍）、ちょっと待って、英語式だと「3 times 5」と言うから3倍が前にくるよ。だから5＋5＋5＝3×5（5の3倍）　　となる、数学もxのa倍はaxだね。学校で習う「数学」は西洋数学 Mathematics（通常 Math マス）なんだけど、いちいち「西洋」はつけない。「医学」と言えば「西洋医学」のことだね。第一、Mathematics（通常 Math マス）と言う用語からは「数」という言葉はでてこない。小学校算数の段階で、数の計算以外、いろいろな図形や「考え方」（これこそ Math マス）がでてくるよね！　数学は数だけ扱うわけじゃないんだよ。

②　「同じ数」をかける
　「同じ数」を2つかけることは「2乗」とか「平方」、3つかけることは「3乗」とか「立方」、「同じ数」をいくつもかけることは「累乗」と言うよ。「平方」や「立方」から新たな発見や発展が始まるんだ！

③　「平方」と「2乗」
　「9を2つかける9×9」のことを「9の平方」とか「9の2乗」と言う！　「平方」とは「正方形」をイメージして訳したものだよ。
　☺　「方形」とは「四角形」のこと。
　☺　「9の平方は81」英語で「9 squared is 81」……スクエアは四角と言う意味だね。
　☺　「正方形」は「平方形」と言ってもよいけど「平方形」と言う人は少ないかも。

④　「平方数の九九」　　　　　　　　　　　　　　　　　　　　　（表2）

9×9＝81	8×8＝64	7×7＝49	6×6＝36
5×5＝25	4×4＝16	3×3＝9	2×2＝4

（2×2から言ってもいいよ）　すらすら言えたかな？

⑤　同じ数を2回かける記号　（覚えてね、ここががんばりどころ）
　　☺　英語でも言ってみよう「9 squared is 81」　　　　（表3）

$9^2＝81$	$8^2＝64$	$7^2＝49$	$6^2＝36$
$5^2＝25$	$4^2＝16$	$3^2＝9$	$2^2＝4$

⑥　$9^2＝81$ の言い方いろいろ
　　「9の2乗は81」、「9の平方は81」、「9の自乗は81」（自分自身を又かけるからね）
　　（2乗の文字2は 小さいけどパワーがあるよ、英語で2　power と言う）
　　（2乗は second power、squared と同じ意味だね）
　　☺　「9の平方は81」は「9　squared is 81」
　　☺　「9の2乗は81」は「9　to the second power is 81」

⑦　平方メートル
　　「平方メートル」なんていう言葉を聞いたことがあるかな？　「1平方メートル」は「1 ㎡」
と書くんだ。日常生活で使っているよ！　「㎡」では先に平方、メートルは後に言うけど　数
の場合は数が先で平方が後だね！

⑧　平方メートルは「広さ」を表す量！
　　☺　「広さ」、正式には「面積」と言う。
　　☺　「メートル」は英語式だと「メーター」、メーターも聞いたことあるね。
　　☺　「メートル」は「長さ」を表す量、平方メートルは「広さ」を表す量、つまり、一辺が 1
メートルの正方形の「広さ」を表す量（面積）が 1 ㎡なんだね。

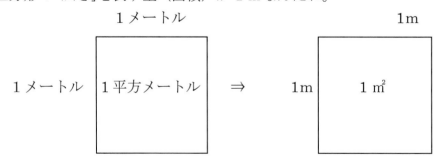

1（メートル）×1（メートル）＝1（平方メートル）　　　　1（m）×1（m）＝1（㎡）

☺　㎡（平方メートル）のことを「平米」（へいべい）なんて言う人がいるよ。かつて、メートルの代わりにに「米」という漢字をあてていた名残りだね。

⑧　平方数の「ルーツ」を探す

　問　□の中に適当な数を入れましょう。

　　　$□^2＝81$　　　$□^2＝25$　　　$□^2＝36$　　　$□^2＝9$　　　$□^2＝49$　　　$□^2＝64$

　☺　平方数81から9を求める（探す）ことを「81のルーツ探し」と言うことにしよう。

【自分のルーツ】

　　自分の祖先探しに興味を持つ人がいるね。テレビで「○○さんのルーツは？」という番組、祖先探しだね。「親は2人いるからルーツは2通り」、2人のそれぞれの親に2人の親がいる。それだけで祖先探しは4つのルーツを探さなければならないんだ。自分が血を受け継いだ祖先は1代さかのぼるごとに2倍に増えていくよ。

　　問　自分が血を頂いた10代前の祖先は何人いるかな？　　　　　　　答　1024人

　ヒント：2を10回かける。$2^{10}＝2×2×2×2×2×2×2×2×2×2＝1024$

　　　電卓でやると　　2　×　＝　＝　＝　＝　＝　＝　＝　＝　＝　1024

⑨　平方数を計算機、電卓で求める

　例）$7^2＝49$　　　（$7×7＝49$）

　　　7　×　＝　49　（7かけるイコールで答が出る）この機能がなかったらごめんね

　　問　電卓で31^2を計算しよう　　　答　961「くろい」と覚えるよ

⑩　平方数の「ルーツ」を電卓で

　　電卓で平方数49のルーツを探すには49√（の記号）で求まる！

　☺　49　√　7

　　　　　　ルーツの記号　√　はroot［発音 ruːt］の頭文字 r を変形したもの。

　　問　電卓で361のルーツを見つけましょう。

　　解）　361　√　19　、361（さむい）のルーツは19　（つまり 19×19＝361）

　　$19^2＝19×19＝361$「さむい」覚えやすいね。さあ平方数をどんどん覚えよう。

　　問　100のルーツは何かな？　　　　　　　　答　10

覚えた平方数の一覧　　　　　　　　　　　　　　　　　　　（表4）

1	4	9	16	25	36	49	64	81	100	361	961

☺　表4の平方数のルーツを言えるかな？「361」とか「961」は下2桁が61だよね。
☺　１９と３１の不思議な関係

１９の平方	$19^2 = 19 \times 19 = 361$（さむい）	平方数の下二桁６１
３１の平方	$31^2 = 31 \times 31 = 961$（くろい）	平方数の下二桁６１
和	和…１９＋３１＝５０（平均は２５）	

⑪　ルーツを求める記号

　平方を求める記号は2乗だよね。それでは「ルーツ」を求める記号は電卓で求めたときを思い出してみよう。例とした⑧でやった、平方数49のルーツを求める方法を見よう。

　49　√　7　　　　（ルーツの記号はこれ　√　）

数式で書くと　　$\sqrt{49} = 7$

⑫　平方と平方根

「平方する」と「ルーツを探す」、まとめるね。

入力7　⇒　平方（2乗）　⇒出力49　　　　式では $7^2 = 49$

入力49　⇒　ルーツ（√）　⇒出力7　　　　式では $\sqrt{49} = 7$

☺　学校では「ルーツ」Root（√）は「ルート」と言うよ。外来語の「T」を「ト」と発音してたんだね。野球のバット（bat）もそうだね。It is　（イット　イズ）とか言う人がいるよ。実際には「T」は「ツ」と言うより、ほとんど「聞こえないよ〜」（舌は上アゴにつけるけど）、つまり√は「ルー」と聞こえるかも（舌は上アゴにつける）。

⑬　「原因」と「結果」

　この図では「結果49」を主語にすると「49は7の平方」になるよ。

7（原因）　⇒　平方（2乗）　⇒49（結果）　　　式では $7^2 = 49$

　この図、7が「原因」、49が「結果」だよね。「結果」をさかのぼると「原因」に至るから、「結果」に対して「原因」（ルーツ）を「根」と訳し、原因を主語にすると「7は49の平方根」。

「7 equals the square root of 49.」、簡単に「7 is root 49」（ある数の平方根は＋－で2つあるけど、ここでは深入りしないね）。

次の図で結果 7 を主語にすると「7 は 49 の平方根」（7 は 49 のルーツ）。

$$49 \Rightarrow \boxed{\text{ルーツ}(\sqrt{\ })} \Rightarrow 7 \qquad \text{式で} \quad 7=\sqrt{49}$$

③ 11 倍は簡単（10%税に応用できる）

例 1) $11 \times 11 = 11^2 = 121$

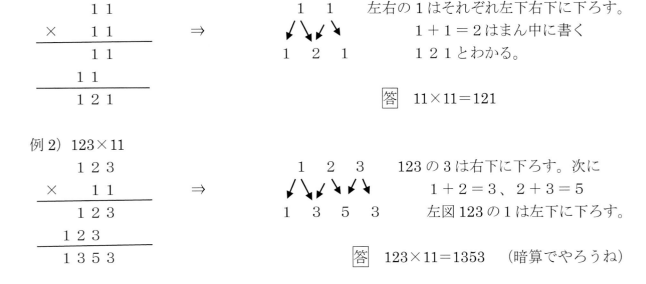

左右の 1 はそれぞれ左下右下に下ろす。
1＋1＝2 はまん中に書く
1 2 1 とわかる。

答 $11 \times 11 = 121$

例 2) 123×11

123 の 3 は右下に下ろす。次に
1＋2＝3、2＋3＝5
左図 123 の 1 は左下に下ろす。

答 $123 \times 11 = 1353$　（暗算でやろうね）

例 3) $356 \times 11 = 3916$（繰り上がりがあっても大丈夫）

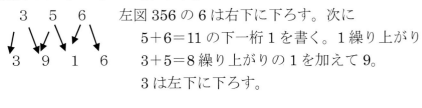

左図 356 の 6 は右下に下ろす。次に
5＋6＝11 の下一桁 1 を書く。1 繰り上がり
3＋5＝8 繰り上がりの 1 を加えて 9。
3 は左下に下ろす。

答 $356 \times 11 = 3916$

問 次の計算をしましょう

① $234 \times 11 =$　　② $345 \times 11 =$　　③ $456 \times 11 =$

答　① 2574　② 3795　③ 5016

問 本体価格 568 円の品物を税率 10%で買うと税込み価格はいくら？

式）568×1.1＝624（小数点以下は切り捨て）

```
    5   6   8
6   2   4   □          答  624 円
```

（解説）　消費税の場合、1 円未満は切り捨て。正確には 624.8 円、624 円支払えばよいわけ。税込み価格は 568 円の 8 を右下に下ろさないでよい　（これはかなり楽）。

（一言）　消費税は 10%と決まっているよ、0.8 円を 1 円にして 10%超払う必要はない。また、4 捨 5 入したら、（売る側）：（消費者）＝4：5 で消費者が損する。

4　めちゃ早い！ $(15^2、25^2、35^2、45^2、55^2、65^2、75^2、85^2、95^2)$

① $15^2＝225$ の速算：15^2なら 15 から 5 戻り 10、15 から 5 進み 20、10 と 20 をかける！後は「ゴゴ 25」

（計算方法）　$10×20＋5^2＝200＋25$　（225 暗算で速算）

```
┌────────┐      ┌──────────┐   ┌───┐
│        │  ＝  │          │ ＋ │   │
└────────┘      └──────────┘   └───┘
 15×15      ＝      10×20 ＋ 25
```

☺　理屈は　$(10＋5)^2＝10^2＋2×10×5＋25＝10×(10＋10)＋25＝10×20＋25$

② $25×25＝600＋25＝625$　（ $20×30＝600$　後は「ゴゴ 25」）

以上まとめると次のようになるから自分で速算しようね。

15^2	25^2	35^2	45^2	55^2	65^2	75^2	85^2	95^2
225	625	1225	2025	3025	4225	5625	7225	9025

5　上の数をひっくり返して、50〜59 の平方へ飛ぶよ（超すごい！）

（例）　$\boxed{5}\boxed{1}^2＝\boxed{50}^2＋2×\underline{1}×\boxed{50}＋\underline{1}×\underline{1}＝2601$　（2500＋100＋1）
暗算は（五五）$\boxed{25}＋\underline{1}＝26$（上二桁）、$\underline{1}×\underline{1}＝01$（下二桁）

（例）　$\boxed{5}\boxed{2}^2＝\boxed{50}^2＋2×\underline{2}×\boxed{50}＋\underline{2}×\underline{2}＝2704$　（2500＋200＋4）
暗算は（五五）$\boxed{25}＋\underline{2}＝27$（上二桁）、$\underline{2}×\underline{2}＝04$（下二桁）

（例）　$53×53＝53^2＝2500＋300＋9＝2809$

暗算：$25＋3＝28$（上二桁）、$3×3＝09$（下二桁）

51^2	52^2	53^2	54^2	56^2	57^2	58^2	59^2
2601	2704	2809	2916	3136	3249	3364	3481

6 「トントン、２トントン、トントン」

☺ かけたい数を「トン」と叩いてね。

(例) $\boxed{2}1^2 = \boxed{4 0 0}$（トントン）＋２（倍）×$\underline{1}$×$\boxed{2}$（２トントン）＋$\underline{1}$（トントン）

(解説) １番目のトントンは「２の２乗」

　　　　２番目の２トントンは「２（倍）×$\underline{1}$×$\boxed{2}$」（$\boxed{2}1^2$、後ろから２×$\underline{1}$×$\boxed{2}$）

　　　　３番目のトントンは「１×１」（１の２乗）　　　答　４４１

(例) $12^2 ＝１００$（トントン）＋２（倍）×２×１＋４（トントン）＝１４４……答

　　実際には「トントン」１、「２トントン」で４、「トントン」４、左から並べ１４４

(例) $13^2 ＝１００＋６０＋９＝１６９$（トントン１、２トントン６、トントン９）

問　22^2 を速算できるかな？

「トントン」４、「２トントン」８、「トントン」４　　　　　答　４８４

問　31^2 を速算

「トントン」９、「２トントン」６、「トントン」１　　　答９６１（クロイだった）

【繰り上がりがあってもできるよ】

(例) $14^2 ＝１００＋８０＋１６＝１９６$（４×４が１繰り上がるよ）

(例) $23^2 ＝４００＋１２０＋９＝５２９$（２トントンは１２０だから１繰り上がるね）

問　32^2 を速算できるかな？

「トントン」９００、「２トントン」１２０、「トントン」４　答　１０２４（ト西）

イラスト・澤山葉奈

7 「トントン、2トントン、トントン」縦算でやる

	11^2	12^2	13^2	14^2	16^2	17^2	18^2	19^2
トントン	100	100	100	100	100	100	100	100
2トントン	20	40	60	80	120	140	160	180
トントン	1	4	9	16	36	49	64	81
計	121	144	169	196	256	289	324	361
覚え方		イチョンチョン	イロク	イクロ	ニゴロ	ニハク	サニシ	サムイ
	速算	速算	速算	胃黒	煮頃	二泊	サ西	寒い

☺ 12^2では「4」を「ヨン」の前にチをつけて、景気よく「チョン」と言うよ。

8 足して50になる不思議な関係（平均は25）

11の平方	$11^2＝11×11＝$ 121 （胃にい）	平方数の下二桁21
39の平方	$39^2＝39×39＝1521$ （以後にい）	平方数の下二桁21
和	和…11＋39＝50	

12の平方	$12^2＝12×12＝144$ （いチョンチョン）	平方数の下二桁44
38の平方	$38^2＝1444$ （いチョンチョンチョン）	平方数の下二桁44
和	和…12＋38＝50	（チョンチョン）

13の平方	$13^2＝13×13＝169$ （イロク）	平方数の下二桁69
37の平方	$37^2＝37×37＝1369$ （イミロク）	平方数の下二桁69
和	和…13＋37＝50	（ロックン）

14の平方	$14^2＝14×14＝196$ （イクロ）	平方数の下二桁96
36の平方	$36^2＝36×36＝1296$ （イニクロ）	平方数の下二桁96
和	和…14＋36＝50	（黒）クロ

16の平方	$16^2＝16×16＝256$ （ニゴロ）	平方数の下二桁56
34の平方	$34^2＝34×34＝1156$ （イイコロ）	平方数の下二桁56
和	和…16＋34＝50	（頃）コロ

17の平方	$17^2 = 17 \times 17 = 289$ （ニハク）	平方数の下二桁89
33の平方	$33^2 = 33 \times 33 = 1089$ （トハク）	平方数の下二桁89
和	和…$17 + 33 = 50$	（泊）ハク

18の平方	$18^2 = 18 \times 18 = 324$ （サ西）	平方数の下二桁24
32の平方	$32^2 = 32 \times 32 = 1024$ （ト西）	平方数の下二桁24
和	和…$18 + 32 = 50$	（西）ニシ

19の平方	$19^2 = 19 \times 19 = 361$ （さむい）	平方数の下二桁61
31の平方	$31^2 = 31 \times 31 = 961$ （くろい）	平方数の下二桁61
和	和…$19 + 31 = 50$	（ね）むい

9 （続） 足して５０になる不思議な関係「似た者どうし」

21の平方	$21^2 = 21 \times 21 = 441$ （ヨヨイ）	平方数の下二桁41
29の平方	$29^2 = 29 \times 29 = 841$ （ハヨイ）	平方数の下二桁41
和	和…$21 + 29 = 50$	（よい）ヨイ

22の平方	$22^2 = 22 \times 22 = 484$ （ヨンパーヨン）	平方数の下二桁84
28の平方	$28^2 = 28 \times 28 = 784$ （ナナパーヨン）	平方数の下二桁84
和	和…$22 + 28 = 50$	（橋）ハシ

23の平方	$23^2 = 23 \times 23 = 529$ （ゴニク）	平方数の下二桁29
27の平方	$27^2 = 27 \times 27 = 729$ （ナニク）	平方数の下二桁29
和	和…$23 + 27 = 50$	（肉）ニク

24の平方	$24^2 = 24 \times 24 = 576$ （ゴナナロク）	平方数の下二桁76
26の平方	$26^2 = 26 \times 26 = 676$ （ロクナナロク）	平方数の下二桁76
和	和…$24 + 26 = 50$	（南無）ナム

10 足して１００になる不思議な関係　（50～59は5でやったよ）

４１の平方	４１²＝４１×４１＝１６８１（トントンで...）	平方数の下二桁８１
５９平方	５９²＝５９×５９＝３４８１（25＋9＝34…）	平方数の下二桁８１
和	和...４１＋５９＝１００	ハイ

５９²は簡単「5²＋9＝34（上二桁）、9²＝81（下二桁81）合わせて3481
４１²：トントン１６（上2桁）、下2桁2トントン80トントン1、足すと１６８１

４２の平方	４２²＝４２×４２＝１７６４（トントンで...）	平方数の下二桁６４
５８平方	５８²＝５８×５８＝３３６４（25＋8＝33…）	平方数の下二桁６４
和	和...４２＋５８＝１００	（虫）ムシ

５８²は簡単「5²＋8＝33（上二桁）、8²＝64（下二桁64）合わせて3364
４２²はトントン、トントン１６０４、2トントンで１６０　足すと１７６４

４３の平方	４３²＝４３×４３＝１８４９	平方数の下二桁４９
５７の平方	５７²＝５７×５７＝３２４９	平方数の下二桁４９
和	和...４３＋５７＝１００	四苦（シク）

５７²は簡単「5²＋7＝32（上二桁）、7²＝49（下二桁49）合わせて3249
４３²は？トントン、トントン１６０９、2トントンで２４０、足すと１８４９

４４の平方	４４²＝４４×４４＝１９３６	平方数の下二桁３６
５６の平方	５６²＝５６×５６＝３１３６	平方数の下二桁３６
和	和...４４＋５６＝１００	四苦（シク）

５６²は簡単「5²＋6＝31（上二桁）、6²＝36（下二桁49）合わせて3136
　４４²はトントン、トントン１６１６、2トントンで３２０　足すと１９３６

４６の平方	４６²＝４６×４６＝２１１６（トントンで...）	平方数の下二桁１６
５４の平方	５４²＝５４×５４＝２９１６　（25＋4＝31…）	平方数の下二桁１６
和	和...４６＋５４＝１００	四苦（シク）

５４²は簡単「5²＋4＝29（上二桁）、4²＝16（下二桁49）合わせて2916
４６²は縦算：
トントン、トントン　　　　　　　１６３６
2トントンで　　　　　　　　　　　４８０　　　　　　足すと２１１６

47の平方	47² = 47×47 = 2209（トントンで…）	平方数の下二桁49
53の平方	53² = 53×53 = 2809（25＋3＝28…）	平方数の下二桁49
和	和…47＋53＝100	四苦（シク）

53²は簡単「5²＋3＝28（上二桁）、3²＝9（下二桁09）合わせて2809
47²は縦算：

トントン、トントン　　　　　　1649
2トントンで　　　　　　　　　　560　　　　　　　足すと2209

48の平方	48² = 48×48 = 2304（たて算で）	平方数の下二桁04
52の平方	52² = 52×52 = 2704（25＋2＝27…）	平方数の下二桁04
和	和…48＋52＝100	四苦（シク）

52²は簡単「5²＋2＝27（上二桁）、2²＝4（下二桁04）合わせて2704
48²は縦算：

トントン、トントン　　　　　　1664
2トントンで　　　　　　　　　　640　　　　　　　足すと2304

49の平方	49² = 49×49 = 2401	平方数の下二桁49
51の平方	51² = 51×51 = 2601（25＋1＝26…）	平方数の下二桁49
和	和…43＋57＝100	四苦（シク）

51²は簡単「5²＋1＝26（上二桁）、1²＝1（下二桁01）合わせて2601
49²は縦算：

トントン、トントン　　　　　　1681
2トントン　　　　　　　　　　　720　　　　　　　足すと2401

11　足して１００になる不思議な関係　（続）６０代の数

61の平方	61² = 3721（3601＋120）	平方数の下二桁21
39の平方	39² = 1521（981＋540）	平方数の下二桁21
和	和…61＋39＝100	ニチ

39²は「トントントントン981、2トントン540　」足すと1521
61²は「トントントントン3601、2トントン120　」足すと3721

62の平方	62² = 3844（3604＋240）	平方数の下二桁44
38の平方	38² = 1444（964＋480）	平方数の下二桁44
和	和…62＋38＝100	チョンチョン

38²は「トントントントン964、2トントン480　」足すと1444
62²は「トントントントン3604、2トントン240　」足すと3844

63の平方	63²＝3969（3609＋360）	平方数の下二桁69
37の平方	37²＝1369（949＋420）	平方数の下二桁69
和	和…63＋37＝100	ロックン

37²は「トントン　トントン949、2トントン420　」　足すと1369
63²は「トントン　トントン3609、2トントン360　」足すと3969

64の平方	64²＝3616＋480＝4096	平方数の下二桁96
36の平方	36²＝936＋360＝1296	平方数の下二桁96
和	和…64＋36＝100	クンロ

36²は「トントン　トントン936、2トントン360　」　足すと1296
64²は「トントン　トントン3616、2トントン480　」足すと4096

66の平方	66²＝3636＋720＝4356	平方数の下二桁56
34の平方	34²＝916＋240＝1156	平方数の下二桁56
和	和…66＋34＝100	ゴロ

34²は「トントン　トントン916、2トントン240　」　足すと1156
66²は「トントン　トントン3636、2トントン720　」足すと4356

67の平方	67²＝3649＋840＝4489	平方数の下二桁89
33の平方	33²＝909＋180＝1089	平方数の下二桁89
和	和…67＋33＝100	泊　、パックン

33²は「トントン　トントン909、2トントン180　」　足すと1089
67²は「トントン　トントン3649、2トントン840　」足すと4489

68の平方	68²＝3664＋960＝4624	平方数の下二桁24
32の平方	32²＝904＋120＝1024	平方数の下二桁24
和	和…68＋32＝100	西

32²は「トントン　トントン904、2トントン120　」　足すと1024
68²は「トントン　トントン3664、2トントン960　」足すと4624

69の平方	69²＝3681＋1080＝4761	平方数の下二桁61
31の平方	31²＝901＋60＝961	平方数の下二桁61
和	和…69＋31＝100	むい（ろい）

31²は「トントン　2トントン　トントン　961」　足すと961
69²は「トントン　トントン3681、2トントン108　」足すと4761

12 「たして５０になる」、「１００になる」、「１５０になる」仲間の平方！

$12^2＝\ 144$	$19^2＝\ 361$	$23^2＝\ 529$	$17^2＝\ 289$
$38^2＝1444$	$31^2＝\ 961$	$27^2＝\ 729$	$33^2＝1089$
$62^2＝3844$	$69^2＝4761$	$73^2＝5329$	$67^2＝4489$
$88^2＝7744$	$81^2＝6561$	$77^2＝5929$	$83^2＝6889$

５２９（ゴ肉）、７２９（菜肉）、５３２９（ゴミ肉）、５９２９（極肉）　……

「休憩室①」（平方の「ルーツ探し」「もし $x^2＝-1$ だったらどうする？」）

入力（　）　⇒　平方（２乗）　⇒出力－１　　　式では（　）$^2＝-1$

入力－１　⇒　ルーツ（√）　⇒出力（　）　　　式では $\sqrt{-1}＝$（　）

（　）

（　）　－１
（面積）

「こんなことぐらいで驚いていてはいけない」新しい数を作ればよいんだね。
その数を「i」とする
すると、$i^2＝-1$ になる。
我らの宇宙が始まる前は「i」を単位とする時間が流れていたとする学者もいるよ。

「休憩室②」（時間と時刻）

　「〇〇時の時報」と言えば、時刻を知らせてくれるよね。5時って言ったって、その瞬間はすぐ過ぎ去ってしまう。瞬間の大きさは0分間、時刻の大きさも0分間。時間は大きさがあるよ「5分間とかね」。「時間は流れる」とか言うけど「時」が流れることを「刻一刻」などと言う。瞬間の連続がどうやって流れると時間を生み出すんだろうね。

　私が思うには瞬間は0分間ではない、瞬間には「場」みたいのがあるのかも。「場」の大きさはどんな時間より小さい。「動く」とか「時が流れる」とは瞬間の「場」を通過すること、「無限小」の場をね。どんな幅よりも小さい幅が無限小。瞬間を図形に置き換えると「点」、ペテンにかけたみたいだね。点は大きさも長さも面積もない図形だけど、点がないとどんな図形も存在しなくなるんだ。そして時刻は今も流れているんだよね。

「休憩室③」（「恵方」詣り「恵方巻き」食べながら！）

　2024年（令和6年）の恵方は「甲」の方向（真東より15度左）……暦の年盤参照。

【覚えるのは簡単】令和1年を出発点にして東⇒西⇒南⇒北⇒南と進む。

実際は各15度左の甲⇒庚⇒丙⇒壬⇒丙（年盤参照）と進むけど「東西南北南」と覚えた方が覚えやすいよ。東を見て手を合わせ、心持ち左を拝めば15度左になるよ

令和1	令和2	令和3	令和4	令和5	令和6	令和7	令和8	令和9	令和10
東（甲）	西（庚）	南（丙）	北（壬）	南（丙）	東（甲）	西（庚）	南（丙）	北（壬）	南（丙）

問　令和17年の恵方は？

答　恵方は5年ごとの繰り返しだから、5の倍数を引いてゆく。

令和17年は令和2年と同じ、従って西より15度左（年盤では庚の方向）

（2024.5.6　彩佳9歳）

第 2 章

スクウェアルーツ

（平方根）

1 足し算、掛け算、平方 それぞれの「ルーツ探し」から新しい発見があった！

① 足し算の「ルーツ探し」

ある数 を固定して（例えば3） いろいろな数を入力する足し算の「装置」を考えよう！

$$入力 x ⇒ \boxed{(\quad) ＋3} ⇒ 出力 y \quad（y＝x＋3）$$

入力数は1〜9まで 3を足してみよう

入力x	1	2	3	4	5	6	7	8	9
出力y	4	5	6	7	8	9	10	11	12

次に1〜9までのルーツ探しをしてみよう。 出力が先に決まるよ

入力				1	2	3	4	5	6
出力	1	2	3	4	5	6	7	8	9

空欄に入る数が決まらないよね。そこで

出力が入力、入力が出力になるから y＝x＋3 のルーツ探しの式は y＝x－3 になる

「引き算」が必要になってきたよね！

$$入力 x ⇒ \boxed{(\quad) －3} ⇒ 出力 y \quad（y＝x－3）$$

しかし x＝1、2、3のルーツはわからない

入力x	1	2	3	4	5	6	7	8	9
出力y				1	2	3	4	5	6

xの空欄を全て埋めるためには新たな負の整数や0を考える必要が起きたんだね！

ルーツを求める表は完成した。

入力x	1	2	3	4	5	6	7	8	9
出力y	－2	－1	0	1	2	3	4	5	6

☺ 整数全体は0を中心に 直線上にきれいに並ぶよ

……, －6, －5, －4, －3, －2, －1, 0, 1, 2, 3, 4, 5, 6, ……

整数 $\begin{cases} 正の整数（自然数）；\{1, 2, 3, 4, 5, ……\} \\ ゼロ；\{0\} \\ 負の整数；\{-1, －2, －3, ……\} \end{cases}$

☺ 整数 integer、自然数 natural number

② 掛け算の「ルーツ探し」

　　ある数　１つを固定し（例えば３）　いろいろな数を入力する掛け算の「装置」を考えよう！

$$\text{入力 x} \Rightarrow \boxed{(\quad) \times 3} \quad \Rightarrow \quad \text{出力 y} \quad (y = x \times 3、 y = 3x)$$

入力数は１〜９まで　それぞれ３を掛け y の値を出してみよう

入力 x	1	2	3	4	5	6	7	8	9
出力 y	3	6	9	12	15	18	21	24	27

次に　出力 y を決めて「x のルーツ探し」をする。ここで「割り算」が考えだされた！

入力 x									
出力 y	1	2	3	4	5	6	7	8	9

$$\text{入力 y} \Rightarrow \boxed{(\quad) \div 3} \quad \Rightarrow \quad \text{出力 x} \quad (x = y - 5)$$

しかし　ルーツがわかったのは x ＝１、２、３（下図）

入力 x			1			2			3
出力 y	1	2	3	4	5	6	7	8	9

x の空欄を全て埋めるためには分数という新たな数が必要になる！

その前に　x ＝ y ÷ 3 の式だね。入力は x　出力は y と決まっているから　x と y は入れかえるよ。すると y ＝ x ÷ 3 という掛け算のルーツ探しの「関数」ができた！

出力 x	1	2	3	4	5	6	7	8	9
入力 y	$\frac{1}{3}$	$\frac{2}{3}$	1	$\frac{4}{3}$	$\frac{5}{3}$	2	$\frac{7}{3}$	$\frac{8}{3}$	3

☺ $\frac{1}{3}$ は３倍すると１になる数だから、１の大きさが決まれば $\frac{1}{3}$ の大きさは３等分の１つ

分数の発見によって y ＝ x ÷ 3 は　　 $y = \frac{1}{3}x$ または $y = \frac{x}{3}$ と書ける。

☺ 「関数」という言葉を使っちゃったね。function の訳なんだ。昔は「函数」という漢字を使っていた。この訳こそ最悪の訳だね。Function の音訳（ファン→カン）なんだ。だから訳がわからなくなっちゃうんだよね。

③　平方の「ルーツ探し」

　　1から9までの整数 の平方を出す「装置」を考えよう！

$$\text{入力}\,x \Rightarrow \boxed{(\quad)^2} \Rightarrow \text{出力}\,y \quad (\text{式は}\,y = x^2)$$

入力数は1〜9までそれぞれ平方し出力数を書いてみよう

入力 x	1	2	3	4	5	6	7	8	9
出力 y	1	4	9	16	25	36	49	64	81

次に1〜9までのルーツ探しをしてみよう。　　出力が先に決まるよ

入力	1			2					3
出力	1	2	3	4	5	6	7	8	9

空欄に入る数が決まらないよね。そこで

出力が入力、入力が出力になるから $y = x^2$ のルーツ探しの式は $y = \sqrt{x}$ になる

$$\text{入力}\,x \Rightarrow \boxed{\sqrt{}} \Rightarrow \text{出力}\,y \quad (y = \sqrt{x})$$

入力 x	1	2	3	4	5	6	7	8	9
出力 y	1	$\sqrt{2}$	$\sqrt{3}$	2	$\sqrt{5}$	$\sqrt{6}$	$\sqrt{7}$	$\sqrt{8}$	3

　　次の正方形の面積は2㎡、一辺の長さは $x^2 = 2$ を解いて2㎡のルーツ探しをしなければならないよね。

　　その数はあるわけだけど表し方がわからない！そこで $x = \sqrt{2}$ （m）と書いておこう。

（$\sqrt{2}$ の大きさは小数に直さないとイメージできない。$\sqrt{2}$ は2のルーツ。1代前の祖先であることを言っているにすぎないからね）

$\sqrt{2}$、$\sqrt{3}$、……は電卓でおおよその大きさがわかるよ。

$\sqrt{2} = 1.41421356……$　　（ひとよひとよにひとみごろ）約1.4

$\sqrt{3} = 1.7320508……$　　（ひとなみにおごれや）　　約1.7

$\sqrt{5} = 2.2360679……$　　（ふじさんろくおーむなく）約2.236

$\sqrt{6} = 2.449489……$　　（によよくよはく）　　　約2.45

$\sqrt{7} = 2.645751……$　　（にむしごななひきこい）約2.6

④　身近にある$\sqrt{2}$

ⅰ）正方形の折り紙は対角線の長さが$\sqrt{2}$

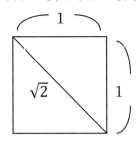

ⅱ）折り紙を半分に折った形は直角二等辺三角形の三角定規だよね

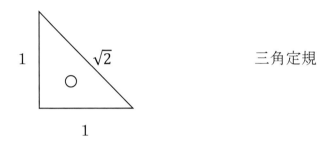　　　　　　　三角定規

一片の長さが５だったら対角線も５×$\sqrt{2}$＝５$\sqrt{2}$　（×は省略する）。

⑤　コピー用紙は面白い

コピー用紙、わらばん紙、各種チラシに使われてる長方形の用紙は１：$\sqrt{2}$なんだ！

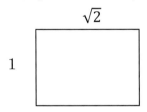

ⅰ）１：$\sqrt{2}$は白銀比と言って長く愛され、日本建築などにも多用されているよ！

　☺　白銀比の長方形は折って折っても１：$\sqrt{2}$！　理由は次の通り。

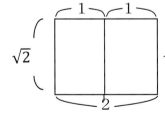小さい長方形の比を１：$\sqrt{2}$とすると、大きい長方形の比は
$\sqrt{2}$：$2 = \sqrt{2} \times \sqrt{2} : 2 \times \sqrt{2} = 2 : 2\sqrt{2} = 1 : \sqrt{2}$
大きい長方形も１：$\sqrt{2}$になるんだね。

　コピー用紙のＡ３は二つに折ればＡ４になる。そのまた半分はＡ５．コピー用紙は折っても
おっても１：$\sqrt{2}$の長方形なんだね。つまり　相似の図形。

　（まとめ）

　☺　Ａ４の２倍はＡ３、Ａ３の２倍はＡ２、Ａ２の２倍はＡ１、Ａ１の２倍はＡ０。

　☺　Ａ０判の大きさ面積は１㎡と日本工業規格（JIS）で定められているんだ。

　☺　Ｂ４判はＡ４判の１.５倍（面積）。

2 三平方の定理（ピタゴラスの定理）

① 三平方の定理は「直角をはさむ二辺の上にできる正方形の面積の和は、斜辺にできる正方形の面積に等しい」というもの。紀元前 ギリシャのピタゴラス学派によって発見されたものだ。

　　下の図でいえば 直角三角形の三辺を a、b、c とすると $a^2 + b^2 = c^2$ が成り立つ。

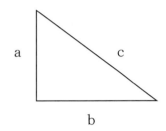

簡単な整数比のものだと
$3^2 + 4^2 = 5^2$
$5^2 + 12^2 = 13^2$
$8^2 + 15^2 = 17^2$

② 正方形の対角線は $\sqrt{2}$

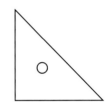

直角をはさむ二辺をそれぞれ1、一番長い辺（斜辺）をXとすれば　三平方の定理により $1^2 + 1^2 = x^2$　が成り立つ。
$x^2 = 2$ になるから $x = \sqrt{2}$ だよね（14の④の証明）

③ コピー用紙の斜辺の長さを求めよう。
コピー用紙、わらばん紙、各種チラシに使われてる長方形の用紙は $1 : \sqrt{2}$ なんだ！

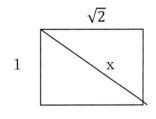

$1^2 + (\sqrt{2})^2 = x^2$ だよね
$x^2 = 3$
$x = \sqrt{3}$

☺ 確かに身近にある図形で、$\sqrt{2}$、$\sqrt{3}$ があるんだね。

「休憩室④」（阿弥陀さまはどこにいる？）

答は簡単「西方極楽浄土」だね。お彼岸（春分の日、秋分の日）には太陽な真東から上り真西に沈むよ。だから、太陽が沈む方向に極楽浄土がある、そちらに向かって「南無阿弥陀仏」と唱え「祖先の成仏と、我らの死後の安穏」を祈るんだ。

東方には「薬師如来がいる浄瑠璃世界」があるから、朝日に向かって「南無　薬師さま」と合掌し、生きている人間の病気治癒と、健康をお願いするんだよ。

「休憩室⑤」（人間 50 年「あつもり」）

「人間 50 年下天の内をくらぶれば、夢幻のごとくなり、一度生を受け滅せぬもののあるべきか……」ご存知、織田信長が好む「能」中世芸能のひとつ好若舞の「敦盛」。

「敦盛」は熊谷直実が年若き敦盛を打って世を儚み、無常を感じて仏門に入ったという物語を脚色したもの。平敦盛は常盛の子で、一の谷の決戦で源氏の武将熊谷直実に討ちとられ、美少年敦盛は僅か 17 歳で命を散らした。この合戦で平氏の名だたる武将が討ち死にした。一方源氏の源義経は鵯（ひよどり）越えの奇襲で名声をあげ、一挙に源氏優勢の立役者になった。

さて「人間せいぜい長生きしても 50 年」と解釈するのは間違い。昔の人はもっと寿命は短く、早く亡くなったよ。平均寿命が 50 年になるのはほんの最近のこと、そのあとが重要「下天の内とくらぶれば夢幻のごとくなり……」キーワードは「下天」。下天は仏教の宇宙観では一番下の天界なんだ。「下天」には四天王と呼ばれる仏教の守護神が住んでいる。それぞれ東方（持国天）、南方（増長天）、西方（広目天）、北方（多聞天）を守っている。四天王は持増広多（じぞうこうた）と覚える。さて下天での時間の進み方は「下天の 1 日は人間界の 50 年」。これって「相対性理論」だね。アインシュタインの相対性理論では宇宙空間の時間の進み方は一様でない。銀河系の中心部にある「ブラックホール」では、時間は遅れ、光は吸い込まれて永久に出て来られないよ。仏教の宇宙観は壮大だね。

「小さい動物ほど寿命が短い」と言うけど、小さい虫ほど重力の影響が小さいので時間が遅れるとすれば長生きしているのかもしれない。人がかってに「哀れ」とか思いこんでいるのかもしれないね。

「蝉の生きる空間では時間がゆったり流れている？」ならば、蝉はそれなりにゆったりとした時間を送っているのかもしれない。物理学は難しい、数学なんて役に立たないなんて言う人もいろいろ空想し、楽しみましょう。

「休憩室⑥」（１から１０まで）　ウィンドーズＸは「ウィンドーズテン」

	1	*2*	*3*	*4*	*5*	*6*	*7*	*8*	*9*	*1 0*
アラビヤ										
漢数字	一	二	三	四	五	六	七	八	九	十
大字	壱、壹	弐、貳	参、蔘	肆	伍	陸	漆	捌	玖	拾
ローマ	I	II	III	IV	V	VI	VII	VIII	IX	X
英語	one	two	three	four	five	six	seven	eight	nine	ten
中国語	yi	er	san	si	wu	liu	qi	ba	jiu	shi
ドイツ語	eins	zwei	drei	vier	funf	sechs	sieben	acht	neun	zhen

「休憩室⑦」ドミノの次は「トリオミノ」（西洋学問発祥の地ギリシャの文字が今も使われている）

1	2	3	4	5	6	7	8	9	10
モノ mono	ジ di、bi	トリ tri	テトラ tetra	ペンタ pennta	ヘキサ hexa	ヘプタ hepta	オクタ octa	ノナ nona	デカ deca
モノレール、モノトーン	ジレンマ ドミノ	トリオ トリオミノ	テトラパック テトラミノ	ペンタゴン 五角形	ヘキサゴン 六角形	ヘプタゴン 七角形	オクトパス、オクターブ	ノナゴン 九角形	1da g =10g
モノラル	Dilemma	トライアングル			Six	Sept. 7月	Oct. 10月	Nov. 11月	Dec. 12月

（「８」が「１０月」になったのは、かつて１年が１０ヶ月だったことを物語っている ）

「休憩室⑧」（式を作ろう）
　「４」を４つと「－、÷、（　　　）」の記号を使って答が１０になる式を作りましょう。

答　（４４－４）÷４＝１０

第3章

雑　談

1 　「おなじみ」1から9までの配列が面白い！（左下 ①表）

①表

1	2	3
4	5	6
7	8	9

① 　5を中心に「米印」にそって　両端2つの数の平均は5
　　　（1と9、2と8、3と7、4と6）

② 　5を中心に「米印」にそって　3つの数の平均は5
　　　（1と5と9、2と5と8、3と5と7、4と5と6）

③ 　変則斜めにそって　3つの数の平均は5
　　　（4と2と9、1と8と6、2と6と7、3と4と8）

④ 　足して10になる仲間（1と9、2と8、　3と7、4と6）の平方

$1^2=01$ （末尾1）	$2^2=04$ （末尾4）	$3^2=09$ （末尾9）	$4^2=16$ （末尾6）
$9^2=81$ （末尾1）	$8^2=64$ （末尾4）	$7^2=49$ （末尾9）	$6^2=36$ （末尾6）
$1+9=10$	$2+8=10$	$3+7=10$	$4+6=10$

⑤ 　タテヨコナナメ8通りの和が15になる「魔方陣」

4	9	2
3	5	7
8	1	6

問　8通り、すべて、たして15になることを確かめよう
　　【覚え方】　「福祉の　七五三　（サ）ムイや」

シ	ク	フ
三	ゴ	七
ヤ	イ	六

「ニクし　シチゴサン　（さぶ）ロクジュウハチ」
「ニクし　シチゴサン　娘18」
　覚え方はいろいろあるね。
☺　他に四隅が2，4，6，8（ニシロヤ）になっているからね

問1　①の表から⑤の表を導いてみよう

1	2	3
4	5	6
7	8	9

　ⅰ）　9を2と4の間に入れる
　ⅱ）　1を8と6の間に入れる
　ⅲ）　3を4と8の間に入れる
　ⅳ）　7を2と6の間に入れる
　　　この結果を45度回転する（答は下へ書きましょう）

4	9	2
3	5	7
8	1	6

1	2	3
4	5	6
7	8	9

⇒

問2　次はある月のカレンダーの一部を切り取ったものです。変換してタテヨコナナメ８通りの和がすべて２７になる魔方陣にしましょう。

1	2	3
8	9	10
15	16	17

答

8	17	2
3	9	15
16	1	10

2　きよまさ、よしつね、まつもと、さねとも　「まつもときよしさ（ん）ね」

次は上から読んでも、左から読んでも「きよまさ　よしつね　まつもと　さねとも」

き	よ	ま	さ
よ	し	つ	ね
ま	つ	も	と
さ	ね	と	も

問1の練習欄
ヒント6、4

6			
	4		

答

6	5	7	2
5	4	3	8
7	3	1	9
2	8	9	1

問1の解答

☺　歴史上の人物（加藤）清正、（源）義経、　（源）実朝と異色の松本（きよし）

問1　「まつもときよしさね」の９文字に１〜９の整数を対応させて、縦横８通り、４つの整数の和が 20 になるように上の空欄を埋めましょう。ただし同じ「かな文字」は「同じ数」！

問2　「まつもときよしさね」の９文字に１〜９の整数を対応させて、縦横８通り、４つの整数の和が20になるように次の空欄を埋めましょう。ただし同じ「かな文字」は「同じ数」。

き	よ	ま	さ
よ	し	つ	ね
ま	つ	も	と
さ	ね	と	も

「き」は4
「し」は6
とします

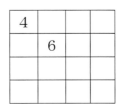

答⇒

4	5	3	8
5	6	7	2
3	7	1	9
8	2	9	1

ヒント；（1、1）と（9、9）の交換は可能。

3 お金の話

① 「のがけ」、「八がけ」

「のがけ」、「野駆け」、「野掛け」は花見、紅葉狩利などして山野を遊びまわること。「のがけ遊び」野点（のだて）野外で茶をたてること！

私の言う「のがけ」とは「掛け算」のこと。たとえば「3の4倍」は3×4、「……の」ときたら昔の人は「掛ける」と教えた。

「800円の1割」は800×0.1です。「800円の1割引（1より0.1を引く）」は800×0.9。「800円の1割増」は800×1.1。この場合は消費税が10%の税込み価格。

問 定価700円の品物を定価の2割引で買うと支払うお金はいくらでしょうか？

（解答）　700×0.8＝560（円）……答

（解説）2割とは20%つまり0.2倍の事。全体を1と考えれば0.2は割引部分。支払う部分は0.8（1−0.2）。全体の0.8倍が支払うお金。「定価の2割引」は「定価の8割を払う」と読み変る。一般に「……の」と言えば計算は掛け算になり「のがけ」などと言う。「2割引」を商人は「八がけ」などと言う。

類題 定価780円の品物に定価の2割引で値札を付けると、売価はいくらですか？

（解答）　780×0.8＝624（円）……答

（解説）0.8倍が暗算では少しきつい場合は、780円の1割は78円、2割は156円。780−156＝780−100−56＝680−56＝624（円）、長々とやるこの計算は意外に簡単。それでもこれらの計算「カッタルイ」、実践は780円を800円として概算で考える。すると800円の2割引は640円。つまり640円未満で買えるわけだから640円用意して待っていればよい。780円の0.8掛けは末尾（1円の位）だけ考えれば8×8＝64、つまり4、4円用意しておけば640円のおつりが1円玉にされなくて済むね。

（研究）2割＝20%＝0.2倍

割（歩合）や%（百分率）はその数自身では存在できない数。では、正しく書くね。2割（20%）はもとになる量の0.2倍。割や%はもとの量があってこそ意味がある数。単独で足し算などの四則計算ができない。通常2割+3割＝5割ではない。2倍+3倍＝5倍でもない。一方、例えば数の0.2は率ではないよ。基本になる量の単位は決まっていて、それは1、1に対しての0.2。5メーターは1メーターの5倍。一般の数（量）はその数だけで意味を持ち、基になる量（単位）の大きさが決まっているよ。

☺ 間違いやすい日本の歩合（率）と数の単位
　もとになる量はその都度変わり、その部分を表す「**率**」

もとになる量の……	0.1 倍	0.01 倍	0.001 倍	0.0001 倍
歩合 （もとになる量はその都度変わる）	1 割	**1 分**	1 厘	1 毛
百分率 （　　〃　　）	10%	1%	0.1%	0.01%

小さい「量を表す」単位（1 分銀は 1 両の 4 分の 1）

基になる量は 1	0.1	0.01	0.001	0.0001
日本	**1 分**	1 厘	1 毛	1 糸
外国	1 デシ（d）	1 センチ（c）	1 ミリ（m）	0.1 ミリ
（例）1m （メーター）	1dm （デシメーター）	1 cm （センチメーター）	1 mm （ミリメーター）	0.1 mm （ミリメーター）

長さでは　1 寸＝10 分、（1 尺＝10 寸）　　　　　重さでは　1 匁（もんめ）＝10 分（＝3.75g）
（まとめ）決まった量の 0.1 は 1 分、割合を表す「率の 1 分」は 0.01 倍なんでだね。

（発展）8 倍は 2 倍の 2 倍の 2 倍　（⇒この先しばらく暗算で！）
　8＝2×2×2（＝2³）。簡単にいえば 8 倍は 2 倍の 2 倍の 2 倍。2 倍の暗算はわりと簡単で
　「8 掛けは 2×2×2」先ほどの 780 の 0.8 倍は 78×2＝156、156×2＝312、312×2＝624
　となるよ。
（問）税抜き価格 450 円の食品を税率 8% で買うときの税金はいくらかな？
（解答）45 円より少ないなと思いながら……（式）45 の倍の倍の倍で、45×2×2×2＝360
　　　　　　　　　　　　　　　　　　　　　　　　　　　　　　　　　　　　　答 36 円

（発展）0.125 倍（8 で割ること）は「半分の半分の半分」
　0.5 は 1 の半分、0.25 はそのまた半分の 4 分の 1。0.125 はそのまた半分の 8 分の 1。つ
　まり 0.125（8 等分）は「半分の半分の半分」

（発展練習）3 万円を 8 人で等分に分けると 1 人いくらかな？
（解答）（3 万の半分）15000⇒7500（そのまた半分）⇒3750（円）　……答

② といち
　昔、「といち」つまり「10 日で 1 割（複利）」という怖い話。複利法でだからうっかり借
　りたら大変なんだ。利率は 10 日で元金の 0.1 倍。元利合計は元金の 1.1 倍。10 万円借り
　れば 10 日後には 10 万×1.1＝11 万（円）。20 日で 10×1.1×1.1＝12.1（万円）、30 日で
　10×1.1×1.1×1.1＝13.31⇒13 万 3100（円）返さなければならない。
　8 掛け（0.8 掛け）とは（1－0.2）でしたが、それに対して 1.1 掛けは（1+0.1）。
　（問）　10 万円を「といち」で借りたとき、元利合計が 20 万円を越えるのは何日後？

（解答）　実際に計算機でやってみよう。

念のため、$1.1^3 = 1.1 \times 11 \times 1.1$（1.1 を 3 回掛ける）という意味

	式	元利合計	電卓	電卓画面
10 日後の元利合計	10 万×1.1	11 万	1.1 と打ちます 1.1	1.1
20 日後　〃	10 万×1.1²	12.1 万	続けて×　=　（1.1²の計算）	1.21
30 日後　〃	10 万×1.1³	13.31 万	続けて= と打つ　（1.1³の計算）	1.331
40 日後　〃	10 万×1.1⁴	14.641 万	続けて= と打つ　（1.1⁴の計算）	1.4641
50 日後　〃	10 万×1.1⁵	16.1051 万	続けて= と打つ　（1.1⁵の計算）	1.61051
60 日後　〃	10 万×1.1⁶	17.7156 万	続けて= と打つ　（1.1⁶の計算）	1.77156
70 日後　〃	10 万×1.1⁷	19.4871 万	続けて= と打つ　（1.1⁷の計算）	1.94871
80 日後　〃	10 万×1.1⁸	21.4358 万	続けて= と打つ　（1.1⁸の計算）	2.14358

連続的に計算してみましょう。1.1 を 8 回掛ける計算、1.1^8 の操作は
1.1 × = = = = = = = で画面は 2.14358881 となる！
答　80 日後に 2 倍以上になる。

（解説）　3 か月後で、$1.1^9 = 2.3579\cdots$、3 カ月後には元金の約 2.358 倍になるよ！
「10 日で 1 割」はもちろん違法、複利で年利率 1 割（10%）というのは前にあった。その時は 8 年後に 2 倍を越えたよ。

8% でも 9 年で約 2 倍。$(1.08)^9 = 1.999004624 \fallingdotseq 2$

③　「なに」

「なに」とは「72」の事。例えば上記解説でやったように年利率 10% では 7 年後に元金は 2 倍弱になる、年利率を変えて元利合計が約 2 倍になる年数を計算してみよう。

年利 6%	年利 8%	年利 9%	年利 10.3%	年利 12%
$(1.06)^{12} = 2.012$	$(1.08)^9 = 1.999$	$(1.09)^8 = 1.992$	$(1.103)^7 = 1.986$	$(1.12)^6 = 1.9738$
12 年で約 2 倍	9 年で約 2 倍	8 年で約 2 倍	7 年で約 2 倍	6 年で約 2 倍
6×12＝72	8×9＝72	9×8＝72	10.3×7＝72.1	12×6＝72

これらの結果からわかるように元金が約 2 倍になる利率と年数は（年利率）×（年数）＝72、どうやら、元利合計が 2 倍になるときの（年利）と（年数）はほぼ反比例しているようだね。

問　年利 1% の複利で預金した場合元利合計が 2 倍を越えるのは何年後？

（解説）実際計算してみると$(1.01)^{72} = 2.0067$、確かに 2 倍以上になる
（解答）72÷1＝72（年）……答

（問）年利5％の複利で預金した場合元利合計が2倍を越えるには何年かかる？

（解答）72÷5＝14.4　　　答　15年で2倍を越える。

（発展）年利r、n年預けて2倍になる式は $(1+r)^n=2$ だから常用対数を用いて

$$n=\frac{\log 2}{\log (1+r)}$$ なんだけどね！

4　魔方陣のお守り（護符）

① 「福祉の……」魔方陣（三方陣）「土星」

　古代中国の「夏」王朝の治世、不思議な文様がある亀が発見された。その麻雀牌のような亀甲の数の配列こそ人類が始めて見た三方陣。8通りで3つの和が15になる左下図だね。

4	9	2
3	5	7
8	6	3

　この魔方陣は占星術者のアグリッパにより土星に結びつけられた。

　あなたの「星」を見つけるには、東洋流九星術で求めてもよいよ。

　「星」は「生まれた日」、あなたの運命を左右する「本命星」を見つけよう。

　四方陣は「木星」　インドで作られたこの四方陣（右下図）はタテヨコナナメ数の和が全て34になっている。次に作り方も示したよ！

1	2	3	4
5	6	7	8
9	10	11	12
13	14	15	16

タテに2、3と14、15をチェンジ　⇒
ヨコに6、10と7、11をチェンジ　⇒
ヨコ斜めに5、9と8、12をチェンジ　⇒

1	14	15	4
12	7	6	9
8	11	10	5
13	2	3	16

② その他の魔方陣と「星」

　五方陣は「火星」、六方陣は「太陽」七方陣は「金星」、八方陣は「水星」……

五方陣の例　　　　　　　　　　（タテヨコナナメの数の和が全て65）

11	24	7	20	3
4	12	25	8	16
17	5	13	21	9
10	18	1	14	22
23	6	19	2	15

③ 東洋流のあなたの運命を左右する「本命星」の見つけ方
　　（西暦生年）－１⇒（各数を足す）⇒１０－（各数の和）＝（あなたの本命星）
　（例）1975 年生まれの人の「本命星」

$$１９７５－１＝１９７４⇒１＋９＋７＋４＝２１⇒２＋１＝３⇒１０－３＝７（番号）$$

　　　　　　　　　　　　 答 七赤　（ななせき）　金星

番号	1	2	3	4	5	6	7	8	9
東洋流	一白	二黒	三碧	四緑	五黄	六白	七赤	八白	九紫
本命星	水星	土星	木星	木星	土星	金星	金星	土星	火星

5　「小町算」「町子算？」

【由来】美人の誉れ高い小野小町、深草少将はプロポーズ。小野小町は多くの男を弄んでいたのか？「それなら、毎日 100 夜、通いなさい」と無理難題を。少将は自宅のあった深草から、小町の邸宅、小野随心院まで、毎日５キロの道のりを裸足で通い続けた。

　雨の日も雪の日も。寒い冬のこと、後１日というところ、99 日目の夜は大雪で深草少将は力尽きて死んでしまった。この話は「深草少将の百夜通い」と言って、人々の語り草に。

　深草少将の「怨念」にまつわる神社がある。京都河原町二条、法雲寺の菊野大明神。祭神は深草少将。かなわぬ恋の無念さが怨念の塊となり、腰かけ石となって存在、カップルでこの前を通る時は祟られないよう気をつけた方がよいよ。

　謡曲『通い小町』は亡者となった少将が怨霊となり、成仏できない小町が痛い痛いとむせび泣く。僧が小町の霊を弔おうとすると、怨霊と化した少将の霊が成仏を妨げようとする。

　『卒塔婆小町』では、怨霊と化した少将はさらに執念深い。年老いて身寄りもなく各地を放浪する小町に恋の亡者となった少将が執拗に取りつき、小町はついに半狂乱に。

答を 100 とか、99 にする、次のような問題を「小町算」と言う。
　（例）1、2、3、4、5、6、7、8、9 の順序を入れ替えずに＋、－、×、÷を自由に使って、答を 100 にしましょう。とりあえず、＋、－だけを使って。
答　123－45－67＋89＝100　この 答 は、ほんの一例。
問1　次の（　　）内に＋、－を入れて等式を成立させましょう。
　（1）　123（　　）4（　　）5（　　）67（　　）89＝100
　（2）　12（　　）3（　　）4（　　）5（　　）67（　　）8（　　）9＝100
　（3）　1（　　）2（　　）3（　　）4（　　）5（　　）6（　　）78（　　）9＝100
　（4）　12（　　）3（　　）4（　　）5（　　）6（　　）7（　　）89＝100
　（5）　123（　　）4（　　）5（　　）6（　　）7（　　）8（　　）9＝100
　（解答）
　　（1）　123＋4＋5＋67＋89＝288　　　188 オーバー。
　　　　　　188÷2＝94　与えられた式の「＋」を 94 だけ「－」にすれば、188 だけ減らすことができる。89＋5＝94　　　故に 89 と 5 を「－」にすればよい。

　　　　　　　　　　123＋4－5＋67－89＝100　……答

(2)　12＋3＋4＋5＋67＋8＋9＝108、　108−100＝8、　8÷2＝4
故に4だけマイナス「−」にする。　12＋3−4＋5＋67＋8＋9＝100　……答

(3)　1＋2＋3＋4＋5＋6＋78＋9＝108、　108−100＝8、　8÷2＝4
故に4だけマイナス「−」にる。　1＋2＋3−4＋5＋6＋78＋9＝100……答

(4)　12＋3＋4＋5＋6＋7＋89＝126、　126−100＝26、　26÷2＝13
故に3＋4＋6を「−」にする。　12−3−4＋5−6＋7＋89＝100……答
又は6＋7を「−」にする。　12＋3＋4＋5−6−7＋89＝100……答

(5)　123＋4＋5＋6＋7＋8＋9＝162、　(162−100)÷2＝31
故に　4＋5＋6＋7＋9＝13だから　123−4−5−6−7＋8−9＝100……答

問2　次の（　　）内に「＋」、「×」を自由に入れて答を100にしましょう。
答はたくさんあります。(町子算；著者命名！)
9（　　）8（　　）7（　　）6（　　）5（　　）4（　　）3（　　）2（　　）1＝100

9（　　）8（　　）7（　　）6（　　）5（　　）4（　　）3（　　）2（　　）1＝100

問3　解答例
①　9×8＋7＋6＋5＋4＋3＋2＋1＝100
②　9×8＋7＋6＋5＋4＋3×2×1＝100
③　9＋8×7＋6＋5＋4×3×2×1＝100

「小町算」解答例
①　1桁の数のみ。

1＋2＋3＋4＋5＋6＋7＋8×9＝100　　　　1＋2＋3−4×5＋6×7＋8×9＝100
1−2＋3×4×5＋6×7＋8−9＝100　　　　1−2＋3×4×5−6＋7×8−9＝100
1＋2×3×4×5÷6＋7＋8×9＝100　　　　−1×2−3−4＋5×6＋7＋8×9＝100
−1×2＋3＋4＋5×6＋7×8＋9＝100　　　−1×2＋3＋4＋5×6−7＋8×9＝100
−1＋2×3×4＋5×6＋7×8−9＝100　　　−1−2＋3×4×5＋6×7−8＋9＝100
−1＋2＋3＋4×5×6−7−8−9＝100　　　−1×2−3＋4×5＋6＋7＋8×9＝100
1×2×3×4＋5＋6−7＋8×9＝100　　　　1×2×3−4×5＋6×7＋8×9＝100
1−2×3−4＋5×6＋7＋8×9＝100　　　　1−2×3＋4×5＋6＋7＋8×9＝100
1×2×3＋4＋5＋6＋7＋8×9＝100　　　　1×2×3×4＋5＋6＋7×8＋9＝100

② 「＋」、「－」だけを使って。

12＋3－4＋5＋67＋8＋9＝100　　　　12－3－4＋5－6＋7＋89＝100
12＋3＋4＋5－6－7＋89＝100　　　　123－4－5－6－7＋8－9＝100
123＋4－5＋67－89＝100　　　　123－45－67＋89＝100
1＋2＋3－4＋5＋6＋78＋9＝100　　　　－1＋2－3＋4＋5＋6＋78＋9＝100
1＋23－4＋5＋6＋78－9＝100　　　　1＋23－4＋56＋7＋8＋9＝100
1＋2＋34－5＋67－8＋9＝100　　　　123＋45－67＋8－9＝100

③ 「＋」、「－」、「×」、「÷」と、二桁の数を1つだけ使って。

12×3－4－5－6＋7＋8×9＝100　　　　12－3－4＋5×6＋7×8＋9＝100
12－3－4＋5×6－7＋8×9＝100　　　　12－3＋4×5＋6－7＋8×9＝100
－12－3－4＋5＋6×7＋8×9＝100　　　　12＋3×4＋5＋6－7×8×9＝100
12＋3×4＋5＋6＋7×8＋9＝100　　　　12÷3＋4×5×6－7－8－9＝100
1＋23×4－5＋6＋7＋8－9＝100　　　　－1＋23×4＋5－6－7＋8＋9＝100
－1－23×4＋5×6×7－8－9＝100　　　　－1×23＋4＋5＋6×7＋8×9＝100
1＋23－4－5＋6＋7＋8×9＝100
1×2＋34＋5－6－7＋8×9＝100　　　　1×2＋34＋5－6＋7×8＋9＝100
1×2＋34＋5＋6×7＋8＋9＝100　　　　－1×2＋34－5－6＋7＋8×9＝100
－1＋2＋34×5－6－7×8－9＝100　　　　－1＋2÷3×45＋6＋7＋8＋9＝100
1－2＋3＋45＋6＋7×8－9＝100　　　　1－2－3＋45＋6×7＋8＋9＝100
1－2－3＋45－6＋7×8＋9＝100　　　　－1＋2÷3×45＋6－7＋8×9＝100
1－2－3＋4×56÷7＋8×9＝100　　　　－1×2＋3－4＋56＋7×8－9＝100
1－2－3＋4×5＋67＋8＋9＝100　　　　1＋2×3＋4＋5＋67＋8＋9＝100
1－2＋3×4＋5＋67＋8＋9＝100
－1＋2×3－4＋5×6＋78－9＝100　　　　1×2×3－4＋5＋6＋78＋9＝100
1×2＋3－4＋5×6＋78－9＝100　　　　1＋2＋3×4×5÷6＋78＋9＝100
1×2－3＋4×5－6＋78＋9＝100　　　　1×2＋3×4＋5－6＋78＋9＝100
1×2－3＋4－5＋6＋7＋89＝100　　　　－1×2＋3＋4＋5－6＋7＋89＝100
－1＋2＋3＋4×5－6－7＋89＝100　　　　1＋2＋3×4－5－6＋7＋89＝100

④ 四則と二桁以上の数を2つ以上使って。

1＋23－4－56＋7＋8×9＝100　　　　1×2＋34＋56＋7－8＋9＝100
1×23－4＋5－6－7＋89＝100　　　　－1×2＋34×5－67＋8－9＝100
－1×2－34＋5＋6×7＋89＝100　　　　1＋23－4＋56÷7＋8×9＝100
1＋2×3－4＋56÷7＋89＝100　　　　－1×2＋34＋5－6＋78－9＝100
1×2＋3＋45＋67－8－9＝100　　　　12＋34＋5×6＋7＋8＋9＝100
12＋34－5＋6×7＋8＋9＝100　　　　－1＋2×3＋45＋67－8－9＝100

40

「町子算」（著者が勝手に命名）

① 1桁の数のみ

$9 \times 8 + 7 + 6 + 5 + 4 + 3 + 2 + 1 = 100$

$9 \times 8 + 7 + 6 + 5 + 4 + 3 \times 2 \times 1 = 100$

$9 \times 8 + 7 + 6 + 5 + 4 + 3 \times 2 \div 1 = 100$

$-9 + 8 + 7 \times 6 + 5 \times 4 \times 3 - 2 + 1 = 100$

$9 \times 8 + 7 + 6 \times 5 \times 4 \div 3 \div 2 + 1 = 100$

$9 \times 8 + 7 \times 6 - 5 \times 4 + 3 + 2 + 1 = 100$

$9 \times 8 + 7 \times 6 - 5 \times 4 + 3 \times 2 \times 1 = 100$

$9 \times 8 + 7 \times 6 - 5 \times 4 + 3 \times 2 \div 1 = 100$

$-9 + 8 \times 7 - 6 + 5 \times 4 \times 3 - 2 + 1 = 100$

$9 \times 8 + 7 + 6 \times 5 - 4 - 3 - 2 \times 1 = 100$

$9 \times 8 + 7 + 6 \times 5 - 4 - 3 - 2 \div 1 = 100$

$9 + 8 \times 7 + 6 \times 5 + 4 + 3 - 2 \times 1 = 100$

$9 + 8 \times 7 + 6 \times 5 + 4 + 3 - 2 \div 1 = 100$

$-9 + 8 \times 7 + 6 \times 5 + 4 \times 3 \times 2 - 1 = 100$

$-9 - 8 - 7 + 6 \times 5 \times 4 + 3 + 2 - 1 = 100$

$9 \times 8 - 7 + 6 \times 5 + 4 + 3 - 2 \times 1 = 100$

$9 \times 8 - 7 + 6 \times 5 + 4 + 3 - 2 \div 1 = 100$

$9 - 8 + 7 \times 6 + 5 \times 4 \times 3 - 2 - 1 = 100$

$9 \times 8 + 7 + 6 + 5 \times 4 - 3 - 2 \times 1 = 100$

$9 \times 8 + 7 + 6 + 5 \times 4 - 3 - 2 \div 1 = 100$

$9 \times 8 + 7 - 6 + 5 \times 4 + 3 \times 2 + 1 = 100$

$9 \times 8 \times 7 \div 6 + 5 + 4 \times 3 - 2 + 1 = 100$

$9 \times 8 \times 7 \div 6 + 5 + 4 \times 3 - 2 + 1 = 100$

$9 \times 8 \times 7 \div 6 + 5 + 4 + 3 \times 2 + 1 = 100$

$9 \times 8 \times 7 \div 6 + 5 \times 4 - 3 - 2 \times 1 = 100$

$9 + 8 \times 7 + 6 \times 5 + 4 \times 3 \div 2 - 1 = 100$

$9 \times 8 \times 7 \div 6 + 5 \div 4 - 3 - 2 \div 1 = 100$

$9 + 8 \times 7 + 6 + 5 \times 4 \times 3 \div 2 - 1 = 100$

$9 \times 8 + 7 \times 6 - 5 - 4 \times 3 + 2 + 1 = 100$

② 「＋」、「−」だけを使って。

$98 - 76 + 54 + 3 + 21 = 100$

$98 - 7 - 6 + 5 + 4 + 3 + 2 + 1 = 100$

$9 - 8 + 76 - 5 + 4 + 3 + 21 = 100$

$98 + 7 + 6 - 5 - 4 - 3 + 2 - 1 = 100$

$98 + 7 - 6 + 5 - 4 - 3 + 2 + 1 = 100$

$98 + 7 - 6 - 5 + 4 + 3 - 2 + 1 = 100$

$98 - 7 + 6 + 5 - 4 + 3 - 2 + 1 = 100$

$98 - 7 - 6 - 5 - 4 + 3 + 21 = 100$

$9 + 8 + 76 + 5 + 4 - 3 + 2 - 1 = 100$

$-9 + 8 + 76 + 5 - 4 + 3 + 21 = 100$

$-9 - 8 + 76 - 5 + 43 + 2 + 1 = 100$

$98 + 7 - 6 + 5 - 4 + 3 - 2 - 1 = 100$

$98 - 7 + 6 - 5 + 4 + 3 + 2 - 1 = 100$

$98 - 7 + 6 + 5 + 4 - 3 - 2 - 1 = 100$

$9 - 8 + 7 + 65 - 4 + 32 - 1 = 100$

$9 + 8 + 76 + 5 - 4 + 3 + 2 + 1 = 100$

$9 - 8 + 76 - 5 + 4 + 3 + 21 = 100$

③　四則と2桁の数を1つだけ使って。

$98+7-6-5+4\times3\div2\times1=100$　　　　$98+7+6-5-4\times3\div2\times1=100$

$98+7-6-5+4\times3\div2\div1=100$　　　　　$98+7+6-5-4\times3\div2\div1=100$

$98-7-6+5+4\times3-2\times1=100$　　　　　$98-7-6+5+4\times3-2\div1=100$

$98+7-6\times5+4\times3\times2+1=100$　　　　$98\div7\times6+5+4+3\times2+1=100$

$9+87-6+5+4+3-2\times1=100$　　　　　　$9+87+6-5-4-3+2\times1=100$

$9+87-6+5+4+3-2\div1=100$　　　　　　　$9+87+6-5+4-3+2\div1=100$

$9+87-6-5+4\times3+2+1=100$　　　　　　$9+87+6-5-4+3\times2+1=100$

$9+87-6+5+4\times3\div2-1=100$　　　　　　$9+87+6+5-4\times3\div2-1=100$

$-9+87+6\times5-4-3-2+1=100$　　　　　$-9+87+6+5\times4-3-2+1=100$

$-9+87+6+5+4\times3-2\times1=100$　　　　　$-9+87+6+5+4+3\times2\times1=100$

$-9+8+76+5\times4+3+2\times1=100$　　　　　$9-8+76\times5\div4+3+2-1=100$

$-9+8+76+5\times4+3+2\div1=100$　　　　　$-9+8+76\times5\div4+3\times2\div1=100$

$-9+8+76\times5\div4+3+2+1=100$　　　　　$-9+8+76\times5\div4+3\times2\times1=100$

$9+8+7+65+4+3\times2+1=100$　　　　　　$9+8-7+65+4\times3\times2+1=100$

$-9+8+7\times6+54+3+2\times1=100$　　　　　$9\times8+7+6+54\div3-2-1=100$

$-9+8+7\times6+54+3+2\div1=100$　　　　　$-9-8\times7+6+54\times3-2-1=100$

$9\times8\times7\div6+54\div3-2\times1=100$　　　　　$9\times8\times7\div6+54\div3-2\div1=100$

$-9\times8+7+6+54\times3-2-1=100$　　　　　$-9+8\times7+6+54-3\times2-1=100$

$-9-8\times7-6+54+3+2\times1=100$　　　　　$-9+8\times7+6+5+43-2+1=100$

$-9-8\times7-6+54+3+2\div1=100$　　　　　$9+8\times7-6-5+43+2+1=100$

$9\times8-7-6-5+43+2+1=100$　　　　　　$9+8+7\times6-5+43+2+1=100$

$9\times8-7-6+5+4+32\times1=100$　　　　　$9+8+7\times6+5+4+32\times1=100$

$9\times8-7-6+5+4+32\div1=100$　　　　　　$9+8+7\times6+5+4+32\div1=100$

$9+8\times7-6+5+4+32\times1=100$　　　　　$9+8\times7-6+5+4+32\div1=100$

$9+8+7\times6+5\div4\times32+1=100$　　　　　$9+8\times7-6+5\div4\times32+1=100$

$9\times8+7-6+5+4-3+21=100$　　　　　　$9\times8+7+6-5-4+3+21=100$

④　四則と2桁以上の数を2つ以上使って。

$98\div7+6-5+43\times2-1=100$　　　　　　$98\div7-6+5+43\times2+1=100$

$-9-8+76+5+4+32\times1=100$　　　　　　$9-8+76-5-4+32\times1=100$

$-9-8+76+5+4+32\div1=100$　　　　　　　$9-8+76-5-4+32\div1=100$

$-9-8+76-5+43+2+1=100$　　　　　　　$9\times8+76-54+3+2+1=100$

$9\times8+76-54+3\times2\times1=100$　　　　　　$9\times8+76-54+3\times2\div1=100$

$9-8-7+65+43-2\times1=100$　　　　　　　$-9-8+7+65+43+2\times1=100$

$9-8-7+65+43-2\div1=100$　　　　　　　$-9-8+7+65+43+2\div1=100$

$9-8+7+65-4+32-1=100$　　　　　　　　$-9+8+7+65-4+32+1=100$

$-9+87+6+54\div3-2\times1=100$　　　　　　$9-8+76+54-32+1=100$

$-9+87+6+54\div3-2\div1=100$

小町算じゃないけど、1〜9までの数は順番を入れ替えてもよい、次のタイプ11種。

　　　〇＋□÷△＝100

（例）　91＋5823÷647＝100　　　　　　　91＋7524÷836＝100
　　　　91＋5742÷638＝100　　　　　　　（計算機で確かめましょう）

「あと 96＋……（3種）、94＋……（1種）、81＋……（2種）、
　82＋……（1種）、3＋……（1種）ある」

問4　3＋69258÷□□□＝100　の□に1、4、7を入れましょう。

　　　　　　　　　　　　　　　答　　　3＋69258÷714＝100

6　元号と西暦

①　平成を西暦に変換する（88を足すか、12を引く）

（ア）　平成□年＋88　⇒西暦（12が引けない場合）

（例1）　平成2年（2+88＝90⇒西暦1990年

（イ）　平成□年－12　⇒西暦　（12が引ける場合）

（例2）　平成26年（26－12＝14⇒　西暦2014年）

問1　平成19年を西暦にしましょう。　　答　2007年
問2　平成11年を西暦にしましょう。　　答　1999年
問3　平成30年を西暦にしましょう。　　答　2018年

②　昭和を西暦に変換する（25を足す）

昭和□年＋25⇒西暦

（例3）　昭和26年（26＋25＝51⇒西暦1951年）

問4　昭和64年を西暦にしましょう。　答　1989年（平成元年）昭和天皇崩御
問5　昭和20年を西暦にしましょう。　　答
　　　　　　〜昭和20年8月15日（1945年）太平洋戦争終結（日本無条件降伏）

☺　元号は天皇が発布するもの。政府が前面にでてはしゃいではいけません。天皇に発表させてください。みなさんはどう思いますか？

イラスト・澤山葉奈

③　大正年を西暦に変換する（11を足す）

大正☐年＋11⇒西暦

　（例4）　大正12年（12+11＝23⇒西暦1923年）　✋関東大震災大正12年（1923年）

問6　大正元年を西暦にせよ。　　　　　　　答　1912年

④　明治年を西暦に変換する（67を足す場合、33を引く場合）

　（ア）　明治☐年＋67　⇒西暦

　（例5）　明治元年（1+67＝68⇒西暦1868年）

　（イ）　明治☐年－33　⇒西暦

　（例6）　明治45年（45－33＝12⇒　西暦1912年）　　　（〜明治45年は大正元年）

問7　明治33年を西暦にしましょう。　　　　　答＿＿＿＿＿

　（✋　1900年グレゴリオ暦を採用し、1900年を平年とする）

　（ウ）　令和を平成に変換する（　令和年＋30＝平成年　）

おじいちゃん　↑
↑
おばあちゃん　2022年8月13日ハナ7歳

「休憩室⑨」（考えよう）

問　次の四字熟語、（　　）内に連続する漢数字を入れましょう。

① （　　）石（　　）鳥　　　② （　　）人（　　）脚　　　③ （　　）寒（　　）温

④ （　　）の（　　）の　　　⑤ （　　）臓（　　）腑　　　⑥ 再（　　）再（　　）

⑦ （　　）書（　　）経　　　⑧ （　　）転（　　）倒　　　⑨ （　　）束（　　）文

⑩ 唯（　　）無（　　）　　　⑪ 無（　　）無（　　）　　　⑬ 朝（　　）暮（　　）

① 一石二鳥、② 二人三脚、③ 三寒四温、④ 四の五の、⑤ 五臓六腑、⑥ 再三再四、
⑦ 四書五経、⑧ 七転八倒　、⑨ 二束三文、⑩ 唯一無二、⑪ 無二無三、⑫ 朝三暮四

「休憩室⑩」（俳句も$\sqrt{2}$を使っている）

　一辺が１の正方形の対角線は$\sqrt{2}$だったよね。コピー用紙も１：$\sqrt{2}$. よく見かけるチラシなど身近にあるもので１：$\sqrt{2}$のものがとても多いよ。

　１：$\sqrt{2}$を簡単な整数比に直してみよう。$\sqrt{2}≒1.4$だから、

　１：$\sqrt{2}＝1：1.4＝5：7$つまり、俳句は５：７の５と７を組み合わせて５、７、５、短歌は５、７、５、７、７コピー用紙の辺をたどりながら詠んでいるんだよね。

　タンスなど家の中にある家具、寺院や建物で１：$\sqrt{2}≒5：7$になっているものを探しましょう。

イラスト・澤山葉奈

あとがき

　私は 64 歳で前立腺癌になり、全摘出手術を受けた。半年後に再発、普通の生活をしながら、ホルモン療法で生き延びてきた。70 歳後半で突然再燃し悪化、闘病生活に入った。

　闘病は 3 年位と予想したが　その通り 3 年目で全ての癌の治療法が終わってしまう。後は奇跡を待つしかない。抗癌治療はあまりにもつらく、穏やかな緩和ケアにいつ移行できるのか考えている。

　自分で終末を決められる。体調の良いときに、後世に残したいことをまとめてみた。内容は支離滅裂でまとまりがない。何とか東銀座出版社の猪瀬盛さんに手伝ってもらい発刊にこぎつけた。

　内容は「ルートを低学年で教えろ」である。そのためには「九九をちゃんとやれ」「平方数の計算が大事！」など、基本的なこと。後は寝ながら読めるトピックスを掲載した。過去に訳した数学用語を「グローバル化しろ」とも付け加えた。

　私が高校教師を選んだ最大の理由は「微分積分を教えたい」からだ。つまり「瞬間とは何か」にこだわった。微分方程式は 1 つのモデルだ。

　膨張宇宙の微分方程式がわかれば、宇宙空間の体積がわかる。そんなことを言いながらおもしろおかしく微積の講義をしたものだった。

　以前から「数学は入試科目から除外する」という大学が多く、そのことによって日本の理数系教育は弱体化した。時代遅れの古臭い日本語訳用語で数学は生徒から敬遠された。

　「夏休みがなかったら、教員なんてやめる」と豪語していた優秀な先生も、今さら職替えはできずに管理体制の強化で委縮した。さらに教員免許更新制が導入され嫌気がさし、定年退職前に辞める人が多い。

今、教育界に人材は集まらない。さんざん勉強して教員になっても良いことはない。夏休みはないし、雑用と事務的な仕事が多い。

　私は数学教育をグローバル化し、もっとスマートなものにすべきだと主張していた。それが日本の国力につながると思う。私の残したこの本を２人の娘　西村明子、澤山幸枝に託し、心ある人に贈呈してもらいたい。

2024 年 5 月

前立腺癌　闘病記

①　前立腺全摘出手術

2008年、医院での前立腺癌健診の結果が悪く、NTT関東病院で精密検査を受けた。組織をとる検査で悪性度が高い癌と判明した。

翌年2月、前立腺全摘出手術を受けた。前立腺は「腺」ではない、膀胱の下、生殖と関係がある小さな「ビワ」くらいの臓器だ。「私のビワ」の中はすっかり癌に侵され　外まではみ出す勢いであったらしい。

手術は全身麻酔で快復は早かった。尿漏れが治らないまま1週間程度で退院させられた。

その頃私は、銀行勤め3年、癌を告白した時点で退職を迫られていた。切りのよい6月30日をもって銀行を辞めた。

②　再発

それより前、3月の診察で前立腺癌が再発、主治医の言葉に困惑した。主治医は手術で「勃起機能を半分残した」と言ってきた。勃起機能を残すかどうかは事前に説明すべきこと、私は「そんなものは取ってしまってよかった」と言った。主治医は「後悔してるの……」とすごんだ。すごい怖い顔していた。「キレた」という表現がよいかもしれない。

その後、2021年4月まで12年間ホルモン療法を続けた。カソデックスという薬はよく効いた。主治医は「横ばい」と言い続けていたが、PSA値は微増していた。私は「ホントに大丈夫かな？」という気持ちがあった。主治医は診察時の質問を受け付けない。「そういう質問は、予約して午後来て」と言い、患者数を早くこなし診察を早く終わらせることを信条としていたようだ。

③　ソ径ヘルニアになる

再発から間もなく腹痛に悩まされた。「お腹が痛い」と何度も連絡を

入れたが、「ヨコになれば治る」と言ったため、3ヶ月間診察は待たされた。3ヶ月後の診察でも腹痛の原因はわからず早々に追い返された。

「お腹が痛い」と近くの医院に行ったらエコーで調べ、右ソ径ヘルニアであることが判明した。主治医に報告に行くと、外科に回された。

主治医は「この前、何で見つからなかったのかな？」とつぶやいていた。私は「ソ径ヘルニアはヨコになって触診したら、腸はお腹に戻ってしまい発見できない」と言いたかったが止めた。冷たい態度とソ径ヘルニアぐらい発見できない主治医に再び不信感を持ってしまった。

1年後、左ソ径ヘルニアになった。前立腺癌の手術後、ソ径ヘルニアになることはよくあるらしい。偉い先生が何で発見できなかったのだろう、何で腹痛を訴えているのに寄り添って診てくれないのだろう。発見できなかったことを反省しないのだろうか。

カソデックスによるホルモン療法は更年期障害のような副作用があった。身体の女性化で孫と風呂に入れなくなった。私は72歳まで県立高校で非常勤講師を担当、専任から50年間教壇に立ったことになる。その後も横浜市のげ山荘「超」大人の脳トレ教室、県立学校退職者会理事などの活動をしていた。

④　活動の場所を品川区に移す

県立学校に別れを告げ、私は品川区立の小学校、中学に活動の場所を求めた。放課後の「未来塾」、非常勤講師……、小中一貫校豊葉の杜学園「数学部」では好きな教材トピックスを提供できた。教科書の内容をそのまま教えなくてよい、こんな楽しいことはなかった。

その頃、主治医から「前立腺癌で死ぬことはない。他の病気に気をつけて」と言わた。ほとんど無言の先生の言葉に感激する一方、「癌はホントに大丈夫？」不安がよぎった。実は2年前、虚血性心疾患で入院、

心臓にはステントが1つ入っていた。

⑤　癌が再燃

　2021年、77歳、喜寿の年8月、初めて血尿を経験した。膀胱癌か？と新たな不安に襲われた。尿道から内視鏡を入れて見てもらったところ、前立腺癌が膀胱内に広がっていたようだ。

　画像をのぞき込んだら「見てもわからないよ」と言われた。それ以来、画像の説明は受けていない、癌の広がりの様子はわからない。内視鏡検査にあたって、承諾書を検査終了後に署名させられた。「まぁ、仕方ないか」と思いサインした。

　ホルモン系のゾラデックスという注射をして、様子を見ることにした。この注射はほとんど効かなく出血は続いた。9月29日、血の塊が尿道をふさいだ。救急車を呼んだがNTT関東病院は全く受け付けてくれなかった。やっとのことで、大田区の病院が受け入れてくれた。膀胱内に尿道カテーテルを留置し、管を通して赤い血の混じった小水がどんどん流れた。

　PSA値はどんどん上がり、11月4日にリュープリンという注射に切り替えた。

　この時、尿道カテーテルを抜いてくれた。12月8日の診察時、出血と頻尿に悩まされていることを訴えたが「前立腺癌のせいだろう〜」と一蹴された。

　夜中でも分間隔でトイレに行った。尿は流れにくく「ソ径ヘルニア」を発見してくれた医院に行った。若い医師は「膀胱が張って、尿が化膿している」すぐに尿道カテーテルを留置しようと言った。

　この時点で病院はほとんど寄り添ってくれないと思った。だって、8日の診察時、内診をしてくれれば異常な頻尿と出血、膀胱の張りで再び救急車モノだということがわかるはずだと思った。

　年明け早々、注射は効かないと主治医は判断し、イクスタンジとい

う新たな錠剤を処方してくれた。尿道カテーテルを留置したまま効き目を待った。この間、出血が止まっていたので効いているなと思った。4月25日、朗報が飛び込んだ。PSA値は0.01以下に下がり、ぬかよろこびした。6月には再び上昇し始めるものの尿道カテーテルはとれ、イクスタンジが効いてくれることを祈りながらの生活が続いた。しかし、願いむなしくPSA値は上がり続けた。

この時点で、主治医は抗癌治療(化学療法)を薦めた。「化学療法では泌尿器科は関係なくなる、放射線治療は大出血につながる恐れがある」と理解できないことを言った。主治医の説明に不満があったので「相談室」に行ったのが先生を怒らす新たな火種になった。私は家族の付き添いで診察を受けていた。その方が先生の対応が怒ることもなく丁寧だからである。一度、一人で診察を受けた時、相談室での話を尋問され、怒りに燃えていたように思えた。死の恐怖におびえる癌患者をここまで追いつめるのかと思ってしまった。

⑥ 「もうだめだ」通うのに近い昭和大病院に転院

2023年1月、家から近い昭和大病院に転院した。新しい病院は忙しさで、関東病院の比ではない。新しい主治医は「はぁはぁ」言って診察していた。かなり怒りっぽかった。「イクスタンジ80mg 2錠を40mg 4錠に変える」と言った。理解できず、帰り際に確認したら「同じことを何度も聞かないでください」と言われた。いやに対応がギスギスしている。関東病院から「この人クレーマー」とかいう申し送りでもきているのかなと疑った。検査のやり直しが続き、さらに「放射線照射か化学療法か決めてこい」という選択を迫られた。泌尿器科医院に相談、医院からの伝言メモをもらった。昭和大病院の主治医は「あちこち行かないでください」とメモを受け取ることを拒否した。結局、放射線治療を受けたのは6カ月後の7月だった。放射線の効果は6ヶ月間続いた。

2023年12月、腎臓から膀胱に行く尿管が癌で詰まった。顔はむくみ、腹痛で入院した。もはや腎臓に穴を開けるしかない状態だ。「腎ロウ」という管が右背中から挿しこまれた。2週間後、左側にも穴が開いた。この間、腹痛で眠れない日が続いた。

⑦　化学療法で頭の毛が抜けた

2024年1月早々、抗癌治療に入った。ドセタキセルという薬を点滴で2時間かけて流し込む。1週間後には免疫力がグンと落ち要注意だ。3週間後に2回目のドセタキセルを流す。これより前、腎機能が落ち着き退院させられた。「退院おめでとう」とか言う人がいた。

この頃から頭の毛は抜け、味覚異常、口腔口内炎、顔面皮膚炎、目の周りまで赤くはれ上がり、涙目、爪は紫色に変色し、はがれそうな勢いだ。足のむくみはひどい。麻酔が効いたようなマヒで足がもつれる。胸のつかえで食物が美味しくない。もちろんゲップと胸のツッカエで食事が進まない。それでも必死に食べ体力の維持に努めた。

副作用は強く表れる時と我慢できる範囲内のときがある。副作用の悩み以外に腎ロウ交換の出血がつらい。腎臓は出血しやすい臓器、乱暴に交換すると出血は何日も続き、血の塊が管をふさぐ。結果、背中の穴から小水が漏れ出す。夜中に布団パジャマがぬれているので飛び起きたことが数回あった。昭和大病院は救急対応してくれる。先生には頭が下がるけれど、夜中に家内を起こし、付き添わせるのはつらいものだ。

⑧　化学療法ドセタキセルは3週間×6回やった

ドセタキセルの効果がなくなれば万事休す。似たものでカバジタキセルがあるが、効果は未知数。第一、副作用にはもうお手上げ、もうがんばれない。そろそろくたばるか。

⑨　横浜市のげ山荘の人びと

　県立高校退職後、老人福祉センターのげ山荘から「大人の算数教室」の講師を依頼された。「算数で脳トレ」と言えば、もっぱらボケ防止の計算でもやるものだと思う人が多い。老人？　をバカにしてはいけない。理系の大学を出た人まで来た。毎回やめる人が出る中、新しい加入者が増え、延々と講座は続いた。レベルは高い。講座を知った東銀座出版社の塚田編集長から講座の書籍化を薦められた。こうして「おもしろ算術」入門編の出版に至った。出版社との共同出版だ。

　本の紹介が朝日新聞横浜版に載ったことから、県立高校の教え子をはじめ、横浜在住の知人からも連絡が入った。本は栄松堂、有隣堂の店頭に並び多いに売れた。あちこちの地域センターからの講演、講座の依頼で多忙になった。

　コロナ禍で私の活動も少なくなる中、のげ山荘の講座は「通信」という形で継続した。コロナ明け後、今度は私の癌再燃となる。そして今も「通信」は続いている。「最後までついてきて来てくれてありがとう」、女性ばかりになってしまったが、彼女たちとの交信が生きがいになった。

　十数人になった受講者は「自主講座」をも開いて持ち回りで月1回の会合を楽しんでいる。自主講座を一度受講したかったが、ついにかなわなかった。みなさん「おたっしゃで」さよならは言わない。

2024年5月24日（81歳の誕生日）

醍醐 實（だいご みのる）

1943 年、東京都品川区生まれ

都立雪谷高校を経て、千葉大学教育学部（数学専攻）卒業

1966 年より神奈川県立鶴見高等学校教諭

横浜市内の県立高校を経て、2004 年希望ケ丘高等学校にて定年退職。2006 年 3 月まで同高にて再任用

2006 年 4 月より銀行勤務しながら非常勤講師（2010 年 3 月まで）

2011 年 4 月より品川区立小中学校で非常勤等

横浜市のげ山荘「大人の算数教室」

「超」大人の脳トレ教室担当

（主な著書）

『おもしろ算術 入門編』（2012 年 7 月、東銀座出版社）

『おもしろ算術続編　　わ！ おもろいわ 算数・数学が得意になる』

2024 年 7 月 23 日　　第 1 刷発行 ©

著者　醍醐 實

挿絵　澤山 幸枝（次女）　　澤山 葉奈（孫・小学 3 年生）　　西村彩佳（孫・小学 3 年生）

発行　東銀座出版社

　〒 171-0014　東京都豊島区池袋 3-51-5-B101
　TEL：03-6256-8918　FAX：03-6256-8919
　https://www.higasiginza.jp

印刷　創栄図書印刷株式会社